Positively Me

积极向上的我

［英］波皮·奥尼尔（Poppy O' Neill）/著

吴奇/译

中国科学技术出版社

·北 京·

图书在版编目（CIP）数据

积极向上的我 /（英）波皮·奥尼尔（Peppy O'Neill）著；吴奇译. -- 北京：中国科学技术出版社，2024.1
（你是最棒的）
书名原文：POSITIVELY ME
ISBN 978-7-5236-0339-0

Ⅰ. ①积… Ⅱ. ①波… ②吴… Ⅲ. ①儿童－心理健康－健康教育 Ⅳ. ① B844.1

中国国家版本馆 CIP 数据核字（2023）第 220092 号

Published by arrangement with Summersdale Publishers Ltd. via Gending Rights Agency, Beijing, China.
（本书简体中文版由北京根定文化传播有限公司安排引进）
著作权合同登记号：01-2023-2949

策划编辑	白　珺
责任编辑	白　珺
封面设计	红杉林文化
正文设计	中文天地
责任校对	张晓莉
责任印制	徐　飞

出　　版	中国科学技术出版社
发　　行	中国科学技术出版社有限公司发行部
地　　址	北京市海淀区中关村南大街16号
邮　　编	100081
发行电话	010-62173865
传　　真	010-62173081
网　　址	http://www.cspbooks.com.cn

开　　本	880 mm × 1230 mm　1/32
字　　数	255千字
印　　张	13.5
版　　次	2024 年 1 月第 1 版
印　　次	2024 年 1 月第 1 次印刷
印　　刷	北京荣泰印刷有限公司
书　　号	ISBN 978-7-5236-0339-0 / B · 155
定　　价	96.00元（全3册）

（凡购买本社图书，如有缺页、倒页、脱页者，本社发行部负责调换）

前　言

多年来，我在学校和私营部门从事儿童和青少年的心理治疗工作，目睹了建立和保持积极心态对个人幸福和心理健康的影响。在童年时期培养这种能力，可以为未来的幸福及良好的感知能力和思维习惯的形成奠定基础。

《积极向上的我》是一本出色的儿童指南和自助手册，我强烈推荐它！本书设计了一个名叫奇普的友好怪物，由他来陪伴孩子阅读，并给出了清晰易懂的说明。书中用有趣的方式来帮助孩子发现并尊重自己和他人的优点，并培养他们的感恩之心。书中充满了积极的肯定、丰富的练习和深刻的情感，用一种友好、简单和有吸引力的形式，帮助孩子以愉快和实用的方式重塑他们的心态。本书还提供了一种整体分析方法，包括关于食物和锻炼的信息，帮助孩子理解保持身体、情感和精神健康的重要性。

通过阅读这本书，孩子们将学会完全接纳自己，在理解中成长，同时养成良好的心理习惯，而这些习惯将影响他们一生。

英国咨询和心理治疗协会注册咨询师和心理治疗师
阿曼达·阿什曼－温布斯（Amanda Ashman-Wymbs）

引言：父母指南

《积极向上的我》是一本为那些想以更乐观的眼光看待自己和世界的孩子提供的指南。通过一系列技巧和活动，帮助孩子认识到他们是可以摆脱消极思维的。

“积极”一词经常被用来掩饰困难的情绪和经历，鼓励人们忽略悲伤或愤怒等情绪，转而追求快乐和感激。消极的想法和感受并没有错，它们是任何年龄的人生活中都必不可少的一部分。隐藏这些情绪并不会让它们消失，还会让孩子在出现问题时更难与大人沟通。

这只是说，某些表达负面情绪的方式可能是有害的。因此，这本书的重点是在积极和消极之间找到平衡，并以健康的方式表达情绪。

也许你的孩子很悲观，似乎总是对自己或他人感到失望；也许他们经历了一些艰难的事情，发现很难再以积极的方式看待世界。

这本书针对的是 7 ~ 11 岁的儿童，在这个年龄段，孩子对社会关系的认识有所提高，开始将自己与他人进行比较，并关心同龄人对他们的看法。再加上青春期的最初迹象和学校压力的增加，也难怪现在有很多孩子都在与负面情绪作斗争。如果这听起来像你的孩子，那么你并不孤单。在你的支持、耐心帮助和接纳下，你的孩子将学会在生活中找到更多的乐趣，成长为一个充满自信且积极向上的人。

儿童消极思维的迹象

每个孩子都不一样，但以下一些常见的迹象，表明你的孩子对生活感到沮丧，需要一些支持。

- **他们不愿意尝试新事物**
- **他们贬低自己**
- **他们很少表现出热情**
- **他们似乎对自己和他人都很失望**
- **如果遇到挑战，他们会放弃**
- **他们对自己有很高的期望**
- **他们批评自己和他人的外表及能力**
- **他们似乎很容易生气**
- **他们为交朋友而感到苦恼**

在日记中记录孩子消极（和积极）的言行是很有用的。请记住：一定程度的消极情绪是健康且正常的，关键是要保持良好的平衡。

密切关注孩子的心理健康可能是件很有挑战性的事——有时，作为父母和看护人，我们会发现孩子在模仿我们，这可能会让人非常不舒服。对自己宽容一些吧！你关心孩子的幸福，这是在给孩子一份了不起的礼物。我们都能找到积极的人生方向，即使在困难的时候也是如此。就像一团小小的火焰，只要给予耐心和关注，它就会燃烧成熊熊大火。

如何使用本书：写给父母和看护人

这本书是写给你的孩子的，所以让他们来主导会是个好主意。你要表现出足够的兴致，让他们知道你愿意帮助他们，或者愿意谈论他们在这里读到的任何东西。有些孩子可能很乐意由自己来完成这些活动，而另一些孩子则需要更多的指导和支持。

让他们按照自己的节奏阅读这本书。即使你的孩子很独立，你仍然可以和他们一起阅读，开始一场关于心理健康和情绪的对话。让他们知道你感兴趣，他们可以带着学到或想到的任何东西来找你，也可以与你讨论他们认为有帮助、没有帮助、有挑战性或值得仔细研究的任何章节。倾听他们对这本书的真实反馈——询问他们积极的和消极的意见，这将有助于培养他们的积极性。

书中丰富的活动旨在让孩子思考自己的想法和情绪——让他们明白自己说了算，这一点很重要，这样就不会有所谓错误的答案。希望这本书能帮助你和孩子更好地了解彼此，同时也能让他们明白，积极的态度对一个人来说十分重要。我们的最终目标是让他们更有韧性，更热爱生活。当然，如果你对孩子的心理健康有任何严重的担忧，医生仍然是寻求进一步建议的最佳人选。

如何使用本书：儿童指南

这本书是写给你的，如果你经常……

- **感到自己不开心**
- **对自己说不友好的话**
- **害怕表达自己的情绪**
- **发现很难谈论自己的感受**
- **倾向于认为最坏的情况会发生**
- **拒绝尝试新事物，害怕它们没有按计划进行**

如果这听起来像你——有时，甚至是很多时候——这本书包含了丰富的活动和想法，将帮助你理解自己的情绪，从而对自己更友善，变得更积极。

不用着急，你可以按照自己的节奏快速或缓慢地读完这本书。如果你陷入困境或想谈论你读到的任何内容，你可以找一个值得信赖的大人帮忙，哪怕只是倾听。这个值得信赖的大人可以是你的父母、看护人、老师、另一位家庭成员或任何你熟悉并乐于与之交谈的成年人。

怪物奇普简介

嗨！我是奇普，由我来引导你读完这本书。你会在书中多次看到我——我真的很期待带你四处看看。准备好了吗？我们开始吧！

Contents 目录

第一章　积极性和我

你准备好做一个积极的人了吗？在这一章中，我们将首先了解关于你的一切，然后了解积极的含义，为什么它很重要，以及它如何帮助你感到平静和快乐。

活动：关于我的一切

你能回答下面的问题吗？以便让奇普更了解你。如果你卡壳了，可以留一处空白。

我的名字叫____________。

我今年____________岁。

我和____________住在一起。

我真的很擅长______________。

最能准确地描述我的三个词是

________、________和________。

活动：我最不喜欢的东西

你最不喜欢什么东西？完成下面的句子。

我在学校最不喜欢的科目是____________________。

我认为最糟糕的食物是________________________。

我觉得________________________________很无聊。

当__________________________时，我会感到难过。

当__________________________时，我会感到愤怒。

活动：我最喜欢的东西

现在，让我们想想你最喜欢的东西。

我最喜欢做的事情是________________。

我最喜欢我自己的是________________。

我最喜欢的玩具是________________。

我最喜欢的动物是________________。

我最喜欢的书是________________。

I believe in myself

我相信我自己

如何发现积极性和消极性

只要你知道线索，积极性和消极性就很容易被发现。你能在自己和其他人身上发现它们吗？

保持积极的态度意味着找到一些值得高兴的事情，并期待有好的事情发生，即使你今天过得不好或情绪不好。

积极性线索

- 到处都能看到有趣的东西
- 为了解更多而提问
- 对他人友善并鼓励他人
- 为自己和他人挺身而出
- 当别人不在身边的时候，友善地谈论他们
- 如果出了问题，就再试一次

消极的态度则恰恰相反——它意味着你认为事情会变得更糟或出错，即使你的一天过得很好，也会发现一些事情让你生气。

消极性线索

- 到处看到的都是悲伤或令人失望的事情
- 使用“永远”和“从不”这样的词
- 当别人不在身边的时候，不友善地谈论他们
- 当某人努力时表现得粗鲁
- 试图让别人自我感觉不好
- 当做一些小事出错时就放弃

- 别人说消极的话是可以的，但这并不意味着你也需要感到消极。

- 有些日子，你可能会有负面情绪，当这种情况发生时，你不需要假装感到快乐或平静——无论其他人怎么说。

人不可能一直保持积极乐观，你不需要仅仅因为自己的感受不乐观或不积极就隐藏消极情绪。有时日子真的很难熬，感到消极也没关系。

传播积极性（和消极性）

当一个人感觉消极时，他可能会试图让别人也感觉不好——这是为什么呢？

我们的大脑喜欢与他人友好相处：这提醒我们，我们是有归属感的，身边有很多朋友和家人。所以，如果你对自己感觉不好，和你在一起的人也会对自己感觉不好，你的大脑会感觉最舒服。你可能会通过粗鲁地对待别人来做到这一点。

积极性也是如此。如果你感到快乐和兴奋，你的大脑希望每个人都有这种感觉，所以你会表现出善意，以此来分享你的快乐。

活动：积极性测验

参加这个多项选择题测试，看看你有多积极！

1. 你对上学感到不安——你的一个朋友不友好。你会怎样做？

A. 假装没有注意到你朋友的刻薄话

B. 让你的朋友知道他让你很难过

C. 假装生病，这样你就不用上学了

2. 你在美术作业上犯了一个错误。你会怎样做？

A. 把这个错误归咎于别人

B. 找到一种方法，来弥补图片中的错误部分

C. 把图片搞砸，扔到垃圾桶里

3. 你整个周末都情绪低落。你会怎样做？

A. 微笑，没有人能看出你很难过

B. 和大人谈谈

C. 认为自己将永远感到悲伤

4. 你在课堂上想到一个绝妙的主意。你会怎样做？

A. 不说出来，这样就不会有人抄袭了

B. 举手，与全班同学分享你的想法

C. 保持沉默——万一其他人不认为这是个好主意，怎么办？

5. 你的朋友真的很担心找新老师。你会怎样做？

A. 告诉你的朋友别再担心了，想想快乐的事情

B. 听你的朋友诉说他的担忧

C. 把你现在担心的事情都告诉你的朋友

大多数选A：你担心别人对你的看法，你不会表露自己的真实感受，以免让别人不高兴。你很关心别人，这很好。但是请记住，感到消极和犯错也都是正常的。

大多数选B：你是一个非常积极的人。你尊重自己和他人，即使是在很棘手的时候。

大多数选C：这个世界有时可能是一个可怕和令人悲伤的地方。寻找好的一面很重要，这样你也会有积极的感觉。

活动：我想把什么扔进垃圾桶

奇普不喜欢比赛。这些比赛让奇普忧心忡忡，失败的感觉真的很可怕。奇普希望所有的比赛都能被扔进垃圾桶！

如果有你不喜欢的东西也没关系。每个人都有不同的好恶，我们不必达成一致——这就是生活如此有趣的原因。诚实地面对你不喜欢的事情，这有助于你更享受自己喜欢的事情。尽管我们不能真的把这些东西扔进垃圾桶，但想象一下如果可以把它们扔进垃圾桶会怎样，感觉会很好。

你想把什么扔进垃圾桶？在这里画出来或写下来。

所有情绪都正常

情绪是人类的重要组成部分。想象一下，如果你从不感到兴奋、紧张或愤怒，生活会有多无聊？

情绪是身体帮助我们理解正在发生的事情的方式。如果你感到愤怒，这通常意味着有人在以你不喜欢的方式对待你。

如果你感到平静，这通常意味着你在一个自己很熟悉的地方，和你觉得舒服的人在一起。

有时我们的情绪变得十分强烈，以至于我们会去做一些事情，试图让它们变弱。我们可能会通过哭泣来缓解悲伤，通过快速奔跑来缓解兴奋，或者通过握紧拳头来缓解愤怒。

所有的情绪都是可以接受的。

- 所有的情绪都是可以接受的，但并不代表所有的行为都可以接受。在任何情况下，伤害自己的身体、他人、动物或破坏公共财产，都是不行的。如果你想要这样做，找一个你信任的大人去谈谈你的感受。

活动：情绪之轮

情绪太多了！你现在感觉怎么样？你能在情绪之轮上找到它吗？

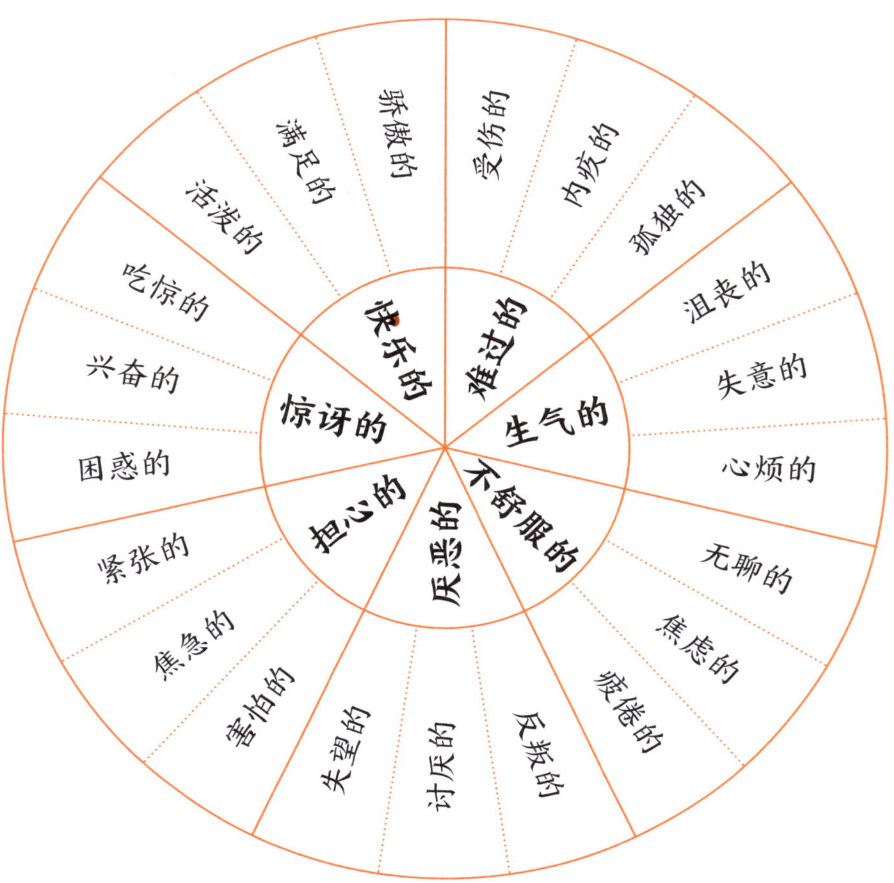

什么是积极的或消极的世界观?

“世界观”是你看待世界的方式，以及你在其中的地位。

积极的世界观	消极的世界观
人们大多是善良的	人们大多很刻薄
每个人都不一样，这没关系	每个人都应该是一样的，否则就会出问题
犯错是可以的	如果我犯了错，我就失败了
我很幸运	我运气不好
我对自己拥有的东西感到满意	我嫉妒别人

没有任何人的世界观是完全消极或完全积极的。我们都以一种独特的方式看待世界，世界观可以根据我们的情绪而改变。如果你感到快乐和积极，这个世界看起来就会像一个既友好又有趣的地方。如果你感到消极和恐惧，世界就会显得黑暗和可怕。我们可以随时开始以更积极的眼光看待世界，善待自己，寻求帮助，做一些让我们感觉良好的事情。

活动：哪些情况会让我感到消极？

不同的地方或不同的人会对我们产生很大的影响，在某些情况下我们会感到心情不好。也许是学校里一节特别的课，或者是你和家人一起去的某个地方。有时很难说出为什么有些事情会让我们有这种感觉，但确实如此！

你能想到一段自己感觉很糟糕的经历吗？当时你在哪里？还有谁在那里？发生了什么事？

在这里写下来。

想想那些让你感到沮丧、消极或脾气暴躁的事情，这可以帮助你了解自己的情绪。如果你知道自己有可能开始感到消极，你可以做好准备！

I am kind to myself and others

我对自己和别人都很友好

什么是自我对话？

想象一下，有人一直和你在一起，评论你所做的事和所说的话，以及你的外表和情绪。如果那个人快乐、鼓舞人心、积极向上——就像一个最好的朋友——那会是什么感觉？

如果那个人既消极又粗鲁，让你感到尴尬，那该怎么办？

自我对话就是这样，但它是一种存在于你脑海中的声音。这是你对自己说话和谈论自己的方式。如果你的自我对话是消极的，那就有点像一直有一个欺负你的人跟你在一起。

你可以让自己说话更友善、更积极，即使你感觉到了强烈或复杂的情绪。

把你想对一个悲伤的好朋友说的话写在下面。它可能是“我在你身边”或“哭也没关系”。

下次，当你难过的时候，试着对自己说这些话。

活动：对自己的赞美

你能想出一些对自己的赞美之辞吗？请写在下面。

我爱我的________

我为________感到骄傲

当________时，我已尽力了

我在____________方面表现得很棒

下次，当你情绪低落、需要鼓舞的时候，翻到这一页，会获得一些积极的鼓励！

第二章　积极性助推器

你已经了解到，每个人都有积极情绪和消极情绪。虽然消极情绪是正常的，也很重要，但有时你需要更积极一些。

在本章中，我们将通过学习一些快速有趣的方法来增强你的积极性。

活动：积极还是消极？

你什么时候感觉最积极，什么时候感觉最消极？

为下面的图形涂上不同的颜色。用红色表示让你感到消极（可能是悲伤、愤怒或担忧）的事情，用黄色表示中间状态，用绿色表示让你感到积极有趣的事情。

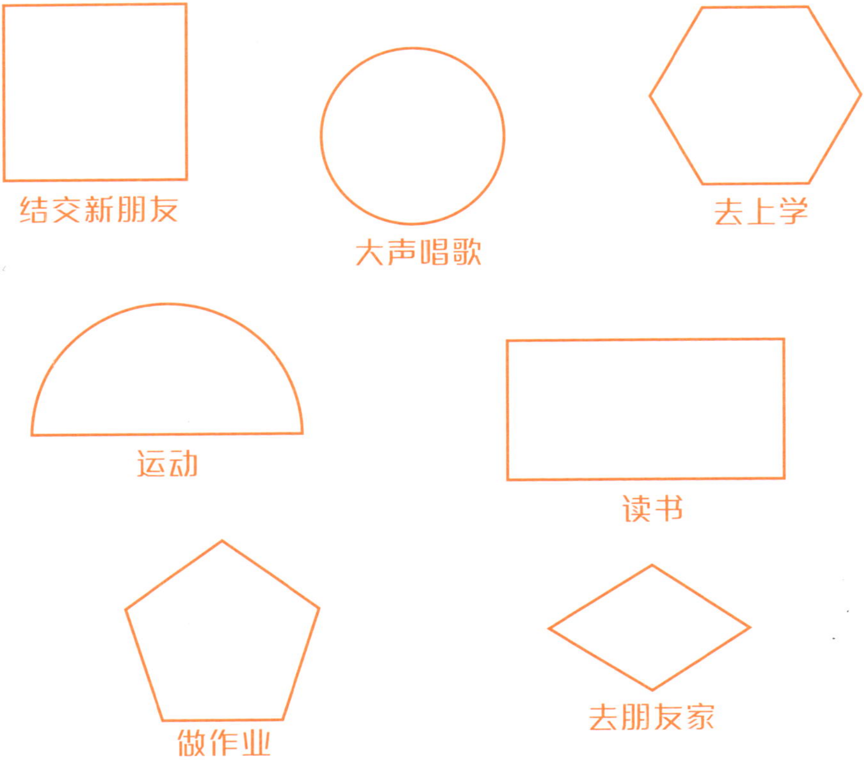

结交新朋友

大声唱歌

去上学

运动

读书

做作业

去朋友家

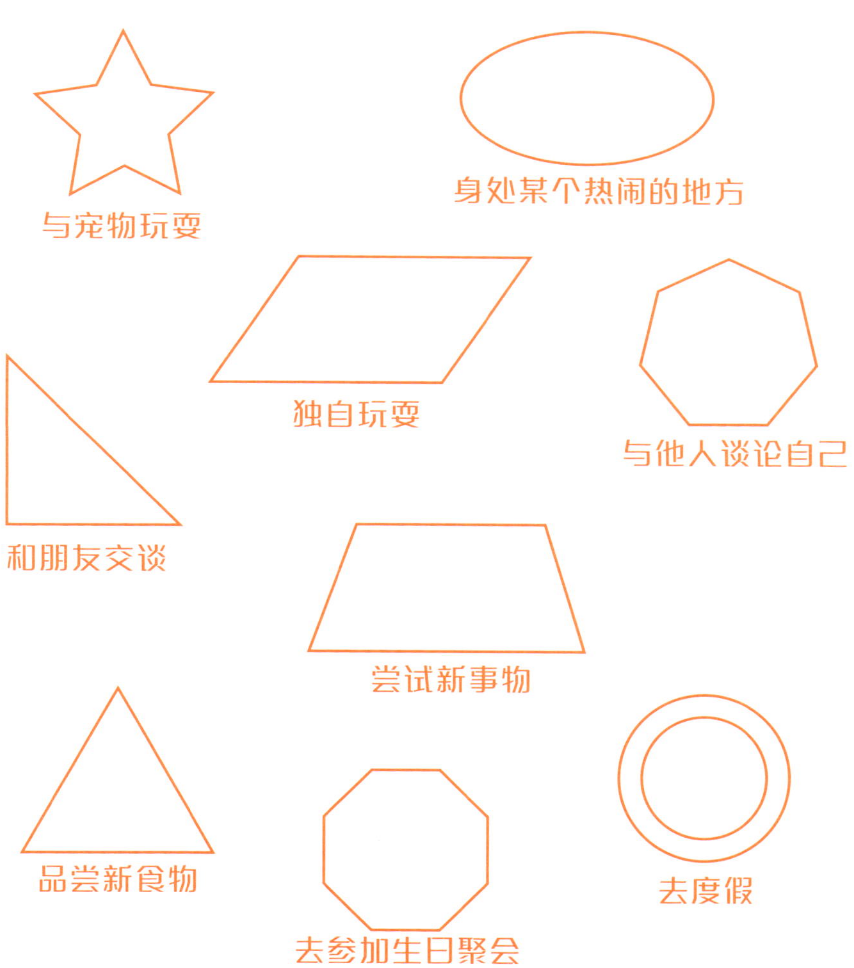

每个人都是不同的，对你来说很棘手的事情可能会让别人感觉良好。如果你的朋友参与这个活动，这个页面看起来可能会大不相同——这也没关系。

倾听你的身体

你的身体不用语言就能告诉你各种各样的事情！如果你和某人在一起时感觉积极，这可能表明他们很适合做你的朋友。如果你去的某个地方让你充满了负面情绪，这通常表明事情不太对劲。

你的身体利用情绪给你这些信息的方式被称为直觉。有时直觉会像老鼠一样小而安静，而有时它可能会像狮子一样大而响亮。你的身体里总是存在很多感觉——情绪、心跳、食物被消化，以及你能触摸、闻到、尝到和听到的东西。

- 闭上眼睛，注意你身体里正在发生的事情。没有必要写下任何东西，也不需要给它起名字——只需注意就行了。

活动：你现在感觉如何？

此刻你的感觉是积极的还是消极的？你可能会想一下这本书给你的感觉，或者会想一想今天晚些时候要做的事情。在 0 ~ 10 中圈出一个数字，写下几个关键词，帮助你记住选择这个数字时发生了什么。

0　1　2　3　4　5　6　7　8　9　10

真的很消极　　　　　　　　　　　　真的很积极

____

当你感觉非常积极的时候，再来参加这个活动。

0　1　2　3　4　5　6　7　8　9　10

真的很消极　　　　　　　　　　　　真的很积极

____

当你感觉非常消极的时候，再来参加一次这个活动。

0　1　2　3　4　5　6　7　8　9　10

真的很消极　　　　　　　　　　　　真的很积极

____

- 注意，你在不同时间的感受将有助于你了解自己的情绪是如何起伏的，这取决于发生了什么事。

什么是正念?

正念意味着密切关注此刻正在发生的事情。以下是一些保持正念的方法。

- **用心走路:** 慢慢走，感受脚下地面的感觉。你能感觉到什么纹理?
- **用心吃饭:** 专注于食物在嘴里的味道、气味和感觉，享受每一口食物。
- **用心呼吸:** 感觉空气从鼻孔进入，充满肺部，然后从嘴里出来。持续呼吸三次，专注于这些感受。
- **用心探索:** 当你走到某个地方时（可能是你新来的地方，也可能是你熟悉的地方），环顾四周，注意所有的小细节。
- **用心创造:** 把所有的注意力都放在你正在做或画的东西上，用你所有的感官来尽情感受它。

如果你对过去发生的事情或未来可能发生的事情感到消极，正念是帮助你摆脱这些困难情绪的好方法。

活动：正念涂色

给图片上色，并留意你使用的颜色以及彩笔在你手中的感觉。可以在线条外涂色或添加自己喜欢的细节。

活动：制作一个抱抱盒

为了增强积极性，试着做一个盒子，里面装满让人感到安慰和积极的东西。

你需要：

- 鞋盒或类似尺寸的盒子
- 装饰用的工艺材料，如油漆、包装纸或贴纸、胶水、剪刀

说明：

1. 请大人帮你把盒盖取下来。
2. 用颜料或彩笔在盖子上写下你的名字，然后用工艺材料装饰它和盒子的其他部分。
3. 用积极的东西填满你的抱抱盒——可以参考下面的创意！

你会把什么东西放进抱抱盒里？把你的想法写在下一页。

关于抱抱盒的一些创意：一块很酷的石头，你爱的人的照片，柔软的泰迪熊，朋友的便条，一块有趣的布料，一幅宠物画，这本书！

活动：积极的步骤

我们通常不会从积极到消极再回到积极——那会让人筋疲力尽！如果你想改变自己的情绪，最好一步一个脚印，每走一步都要积极一点。

奇普的朋友波普搬到了另一个城镇，这让奇普的情绪很低落！奇普的难过情绪带来了消极的想法。你能帮助奇普变得积极一些吗？为奇普选择以下想法之一。

波普是一个很好的朋友——当然，我为波普的离开感到难过。

但我会没事的，我知道我还有其他好朋友可以一起玩。

波普搬走是不对的——波普是个坏朋友。

我很开心——我甚至不需要朋友！

- 其中一个想法很消极，一个比较积极，还有一个非常积极！当与自己内心的感觉不匹配时，假装很积极是没有用的。坦诚面对自己的感受会让周围的人更好地了解你，也有助于你释放负面情绪。

My feelings matter

我的感受很重要

活动：我可以畅所欲言

谈论自己的情绪就像变魔术一样，只要大声说出来就能让你感觉好一些。但谈论自己的感受可能会让你感到害怕——也许是因为你担心这些感觉被认为无关紧要，或者你想知道对方会怎么想。

有没有什么事情困扰着你，却又令你难以启齿？这可能是发生在你或其他人身上的事情，也可能是你担心的事情。你可以在这里写下来或画出来。

如果你觉得舒服，可以把这个页面展示给一个值得信赖的大人。

有负面情绪是正常的

每个人都会有消极的想法和感受，这是活着的一部分，就像每个人都有积极的想法和感受一样。

如果你试图压制它们，消极的想法和感受只会更多地停留在你的内心。所以，最好把它们释放出来！

以什么样的方式去做很重要。以一种不友善的或伤害他人的方式去发泄它们，就像是在试图给别人传递负面情绪一样。

如果我们通过谈论自己的感受或身体运动来发泄负面情绪，那么当一切就绪时，负面情绪就会像蓬松的云朵一样轻轻地飘走。

活动：情绪追踪器

记录自己的感受是为了更好地了解自己。请为每种心情选择一种颜色。

- ☐ 悲伤
- ☐ 无聊
- ☐ 快乐
- ☐ 愤怒
- ☐ 积极乐观
- ☐ 消极悲观
- ☐ ________

用你选择的颜色给这个情绪追踪器上色。坚持两周，看看你会发现什么。

情绪追踪器							
	星期一	星期二	星期三	星期四	星期五	星期六	星期日
上午							
下午							
傍晚							
夜晚							

情绪追踪器							
	星期一	星期二	星期三	星期四	星期五	星期六	星期日
上午							
下午							
傍晚							
夜晚							

- 有没有比一些日子更难熬的日子？一天中是否有一些时候你感觉最好？
- 如果你想继续追踪你的情绪，可以把情绪追踪器记录到一张纸上或抄到笔记本上。

积极的肯定句

肯定句是积极的陈述，提醒你自己有多聪明。它们可以让你在一瞬间感到更加积极！

我很善良

我很强壮

我很勇敢

我能做到

我很冷静

我自我感觉良好

我是一个积极的人

我喜欢我自己

· 哪一句肯定句说出来让你感觉最好？你能想出更多的肯定句吗？

I've got this

我明白了

活动：呼吸练习

深呼吸是一种快速提升积极性的方法。它会为你的身体带来更多的氧气，让你感到平静和自信。

你知道形状呼吸法吗？在呼吸时，想象一个形状会使你的呼吸变得更长、更深。

屏气默数到 4

吸气默数到 4

呼气默数到 4

屏气默数到 4

屏气
呼气
吸气
屏气
呼气
吸气
屏气
呼气
吸气
屏气
呼气
吸气
屏气
呼气
吸气

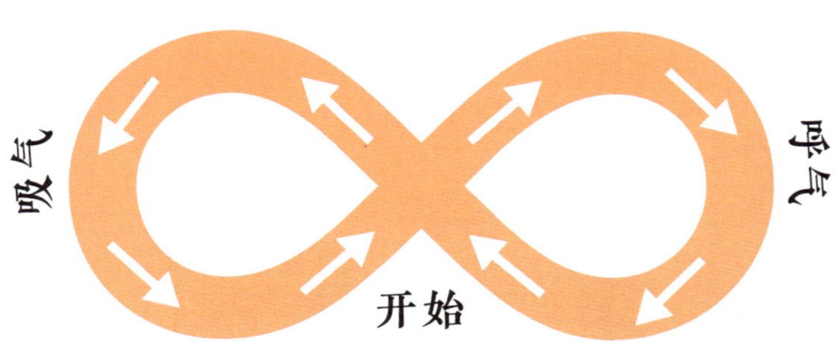
吸气
呼气
开始

活动：制作海报

从前面几页中选择一个形状，做成海报，提醒人们如何做深呼吸。

你需要：

- 一大张空白纸
- 钢笔、铅笔或油漆
- 双面胶

说明：

1. 在纸上画一个又大又漂亮的图形。别忘了添加说明！给你的海报涂上颜色——或者用油漆，这样它就会很显眼。
2. 用双面胶把它贴在你的房间里，如果你的老师允许，也可以贴在教室里！

活动：我喜欢我自己

令你引以为傲的事情是什么？让我们在这里庆祝一下。

我做过的最善良的事是________

____

我创造的最好的东西是______

____

我做过的最勇敢的事是________

____

当________时，我真的很努力

我真为________

________________感到骄傲

活动："算命先生"

制作一个积极的"算命先生"，用它和你的朋友及家人一起玩！按照以下说明将纸折叠成一个有趣的形状。你可以请大人帮忙。

你需要：

- 一张正方形的纸
- 涂色用的钢笔和铅笔

说明：

1

准备一张正方形的纸

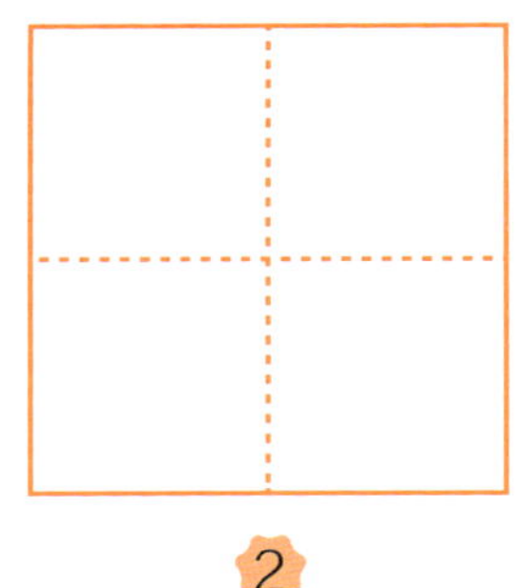

2

沿着虚线折叠后展开，找到中心部分

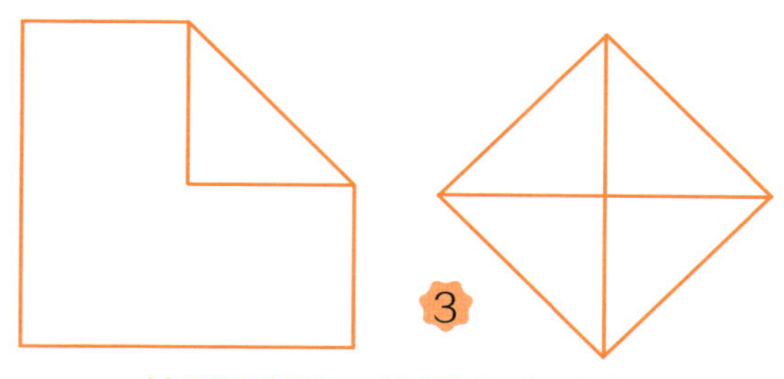

3

按图折叠，使四角在中间相交

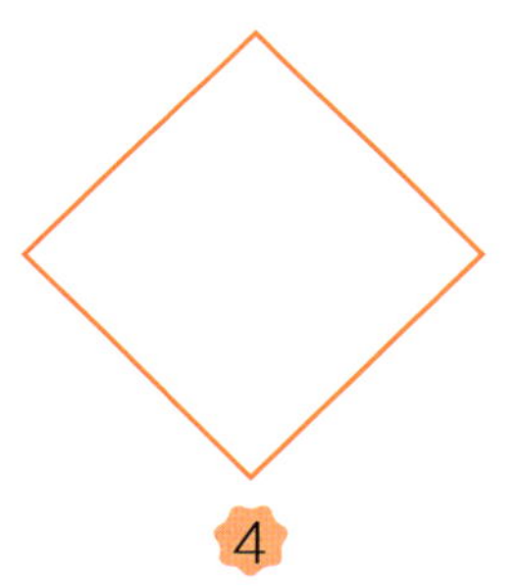

4

翻转

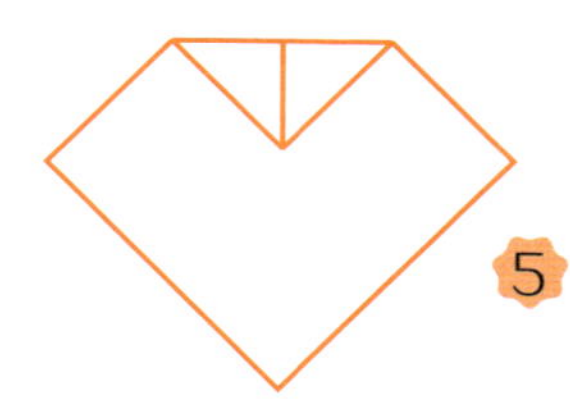

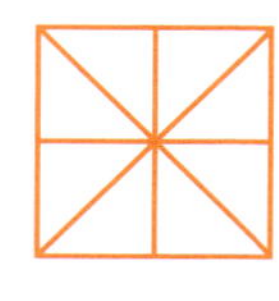

5

按图折叠，使四角在中间相交

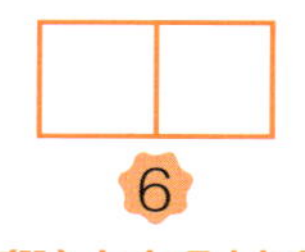

6

翻过来对折

7

将两手的拇指和食指放到方形折页下

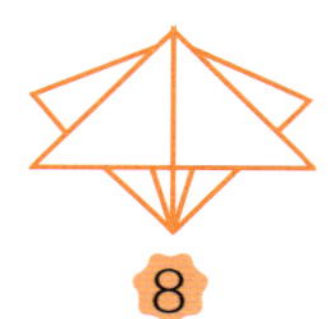

8

把拇指和食指的指尖聚在一起，变成一个点

9

“算命先生”就可以开始工作啦

你可以给图形的轮廓涂上颜色，或者在每个图形上画一些不同的东西。

在图形里面写上数字，在图形下面写一条积极的信息。以下是一些建议。

祝你度过美好的一天

你真了不起

做自己

你太棒了

加油

你很勇敢

活动：泡泡呼吸

当奇普的情绪不稳定时，他知道是时候深呼吸了。奇普喜欢想象吹出世界上最大的泡泡——你也可以试试！

深呼吸，数到三，用鼻子吸气，让肺部充满氧气。

现在撅起嘴，就像要吹泡泡一样。当你呼气时，想象它变得越来越大。想象一下彩虹在其表面停留。当你完成呼气后，想象一下，当你再次吸气时，它轻轻地飘向天空，准备吹出另一个巨大的泡泡。

记得按暂停键

如果你感到消极或沮丧，一个增强积极性的简单方法就是想象在你的脑海中按下暂停键。

当你按下暂停键时，所有消极或令人沮丧的想法都会停止。你可以深呼吸，也可以寻求帮助。

活动：积极性工具包

在本章中，我们介绍了许多提高积极性的方法，可能有些方法适合你，有些不适合你，没关系——因为我们每个人都不一样！

想象一下，用所有能让你感觉更积极的东西建立一个工具包。你的工具包里会有什么？

在这里写下你认为最好的积极性工具。

我的积极海报

积极的词

我的抱抱盒

追踪我的情绪

正念

按下暂停键

着色

倾听我的身体

呼吸练习

谈论我的感受

第三章　消极收缩机

有时候，消极的想法和感受会在你的脑海中变得很强烈。在本章中，我们将学习一些将消极情绪缩小到一定程度的绝妙方法。

你并不孤单

当你与消极的情绪作斗争时，你会觉得自己是在单打独斗。事实是，每个人都会有感到沮丧或消极的时候。我们大多只向家人和亲密的朋友表达这些感受，而有些人则根本不向任何人表达。

正因如此，其他人似乎一直都很好，而你是唯一有困难情绪的人。但如果你仔细想想，除非你向他人展示或对他人谈论你的情绪，否则他们不会知道你的感受；如果其他人没有向你展示或告诉你他们的情绪，你也不会知道他们的真实感受。

活动：我的技能是什么？

想想你真正擅长的事情。你脑子里最先想到的是什么？

运动和学校科目并不是你唯一擅长的事情，但如果你有这些技能，那就太棒了！同时，想想交友技巧，你喜欢的艺术形式，以及你如何帮助别人。

你能再写出一些你的技能吗？

当你想起或发现新技能时，请添加进来。认真思考那些你觉得积极的事情是减少消极情绪的好方法。

活动：容纳我所有情绪的空间

你的内心有容纳各种情绪的空间。当你明白这一点时，就更容易处理困难的情绪，并积极地做自己。

你能在下一页的心形上将每一部分涂上颜色并装饰，以表达不同的情绪吗？想想哪种颜色可能与哪个部分相匹配。

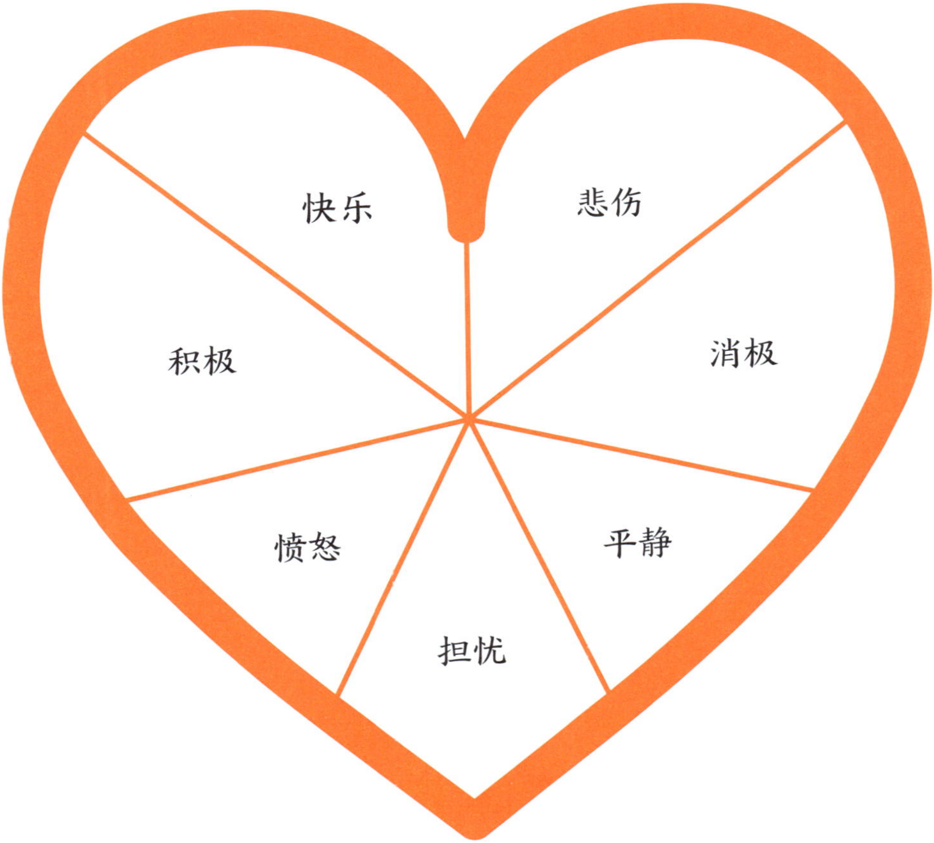

快乐
悲伤
积极
消极
愤怒
平静
担忧

谈论你的想法和感受

和别人谈论你的感受可能会让你感到非常不舒服！不过，有很多方法可以让它变得更容易。以下是一些建议。

- 把它们写在一封信里
- 边走边聊
- 使用表情符号
- 一起整理东西时聊聊天
- 睡前聊一聊
- 一起躲在毯子下
- 与你最喜欢的玩具玩角色扮演游戏

活动：我可以和谁交谈？

和谁交谈感觉好？不限于谈论强烈的情感和困难的事情，也包括谈论有趣和普通的事情。

写下你认识的可以与之交谈的人。

活动：身体地图

这项运动将帮助你放松，消除消极的想法，甚至让你更容易入睡。当你舒服地躺在床上时，可以试试——大声地读给自己听，或者让别人用他们最平静的声音读给你听。

闭上眼睛，想象你的身体是一座岛屿。你的头发是一片美丽的大海。你的船停在前额海滩上，然后你走出去，准备探索。你感受着鼻子的光滑，探索着两侧耳朵的卷曲轮廓。你坐在下巴上休息，然后跳下来，俯身倾听自己的心跳。你对着肚脐呼叫，然后听到回声！你攀登高高的"腿"山，直到到达顶峰"膝盖"，然后从另一侧滑下。你坐在长满了柔软苔藓的脚趾上，把你的腿悬在一边，做三次深呼吸。

像这样花时间放松和关注你的身体，有助于大脑平静下来，并培养积极性。

I can do my best

我能做到最好

活动：表达愤怒

就像你高兴时微笑、兴奋时上蹿下跳一样，愤怒等情绪也会表现在外！

愤怒的棘手之处在于，当这种情绪变得非常强烈时，它会让你想要以恐吓、伤害或惹恼他人的方式行事。那么，你如何才能以一种让每个人都感觉良好的方式释放情绪呢？

关键是要倾听你的身体。例如，当你感到愤怒时，你的身体可能想要乱踢。踢人或踢动物都不好，因为这会伤害他们——也不应该踢东西，因为它们可能会碎，你可能会伤到自己。所以，如果你的身体想发泄，你需要找到一种方法，在不伤害任何人或不破坏任何东西的情况下释放这些情绪。

写下或画出你身体里的愤怒情绪。当你感到愤怒时，你的身体想……

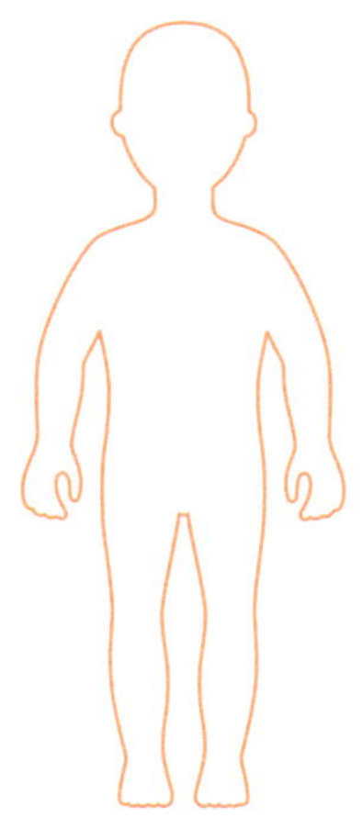

愤怒时的身体感觉	发泄愤怒情绪的方法
踢东西，奔跑	上下跳跃，跺脚，双手放在腿上，在蹦床上弹跳，把足球踢进球门
击打，扔东西	把手放在垫子或沙发上，手臂上下摆动，挤压垫子
大声喊叫，出言不逊	说“我感到愤怒”，对着肚子哼唱，写下刻薄的话，说愚蠢的话，唱一首关于愤怒的歌
哭泣，躲藏，蜷缩起来	寻求拥抱或拥抱自己，哭（哭总是可以的），深呼吸，挤压柔软的东西

活动：了解你内心的恶魔

在第 19 页，我们学习了自我对话。你与自己交谈和谈论自己的方式在很大程度上决定了你的情绪是积极的还是消极的。

如果你有时会有非常消极的自言自语，那你的内心就有个恶魔！别担心，大多数人都会这样。

想想你曾经犯过的错误。你内心的恶魔对你说了什么吗？如果有的话，你能记得其中的一些话吗？它可能是“我很愚蠢”或“我总是做错”。

如果有人对你最好的朋友这么说，你会怎么想？

任何人都不应该被人说不友善的话，即使声音来自他们的内心。用更多的善意和积极的态度与自己交谈可能很难，但了解内心的声音是第一步。

想象一下，如果你能看到内心的恶魔——它会是什么颜色的？它是毛茸茸的还是光滑的，还是浑身都是尖刺？

试着在这里画出你内心的恶魔。

好好享受这个练习吧——答案没有对错之分！你说了算。

I have courage

我有勇气

活动：写感恩日记

感恩意味着心存感激。感恩日记记录了发生在你身上的所有积极的事情。每天花一点时间想想令你感激的三件事，可以训练大脑找到积极的一面。

睡前是写下这三件事的好时机——把它们记在这里。如果你卡壳了，每天会额外赠送一个想法（见框中内容）。

星期一

1.____________________

2.____________________

3.____________________

· 你今天闻到什么香味了吗?

星期二

1.____________________

2.____________________

3.____________________

· 你今天吃到的最美味的东西是什么？

星期三

1. ________________

2. ________________

3. ________________

· 你今天和谁聊天很开心？

星期四

1. ________________

2. ________________

3. ________________

· 今天有什么有趣的事情？

星期五

1. ________________

2. ________________

3. ________________

· 今天你读了什么书？

星期六

1. ______________________________
2. ______________________________
3. ______________________________

· 今天什么事让你笑了？

星期日

1. ______________________________
2. ______________________________
3. ______________________________

· 今天有什么你认为很特别的事吗？

如果你喜欢写感恩日记，可以用日记本来记录！

不要拿自己和别人比较

每个人都是不同的、特别的、独一无二的。没有哪个人是完美的。

就像蛋糕中的配料一样，各种各样的人一起让生活变得丰富多彩且充满乐趣——你不能只用一种配料做蛋糕！

这就是为什么将自己与其他孩子进行比较是不值得的——你之所以特别，是因为你就是你自己，而其他人特别，也是因为他们是他们自己。如果有人试图让你对自己感到消极，就因为你在某些方面与他们不同，那是他们的偏见和错误。你不是别人，就是你自己。

I am strong

我很坚强

活动：我的快乐之地

想一个让你感到快乐、放松和积极的地方。它可能是你每天都要去的地方，可能是你只去过一次的地方，也可能是你想象中的一个地方——或者是这三者的结合！

你的快乐之地叫什么名字？

你在那里能听到什么声音？

还有其他人或动物吗？

你能闻到什么气味？

有什么吃的和喝的？

在这里画出你的快乐之地。

想象你的快乐之地有助于放松身心，让自己感觉更积极。

花 1 分钟做一个快速冥想，它会让你感到放松。你也可以在脑海里读给自己听，或者请别人读给你听。

确保坐得舒服。用鼻子深吸气，再用鼻子呼出来。当你再次吸气时，想象一下把吸入的空气一直向下拖到肚子的位置，像气球一样把它吹起来。然后慢慢地让空气从气球里出来，再从你的鼻子里排出。继续这样呼吸。

想象一下自己在快乐之地。那里是夏天，空气清新温暖。花点时间尽可能多地描绘细节：颜色、植物、地面的样子。当你呼气时，微风吹过你的快乐之地。当你吸气时，你会闻到所有美妙的气味。

在你下一次呼气时，轻柔的微风吹过一片美丽的绿叶，你把它吹向高空。当你吸气时，它会慢慢地飘向你。

你坐在柔软的地面上，让树叶飘到你的手里。再深吸一口气，然后呼出来。

· 科学家发现，这样的冥想能让你感觉更积极！

活动：旅行棒

在大自然中漫步是培养积极性的绝妙方式。你知道吗？树木实际上会释放出特殊的化学物质，当你经过它们时，这些化学物质会让你感觉更平静、更积极。

下次你去散步的时候，试着做一个旅行棒来获得一些额外的乐趣。

你需要：

- 一团绳子
- 一根和前臂长度相当的结实的棍子

说明：

1. 把绳子牢牢地绑在棍子上，靠近棍子的一端。
2. 当你走路的时候，寻找地面上的自然发现，如落叶、树枝、羽毛、苔藓。
3. 把找到的东西用绳子紧紧地缠绕在棍子上。走到最后，你会得到一根美丽的旅行棒，上面覆盖着满满的宝藏。

活动：发挥创意

创造力没有对错之分。当你让笔在页面上自由漫步，并从你画的形状和使用的颜色中获得乐趣时，就会产生最好的作品。

尽情发挥你的创造力吧！

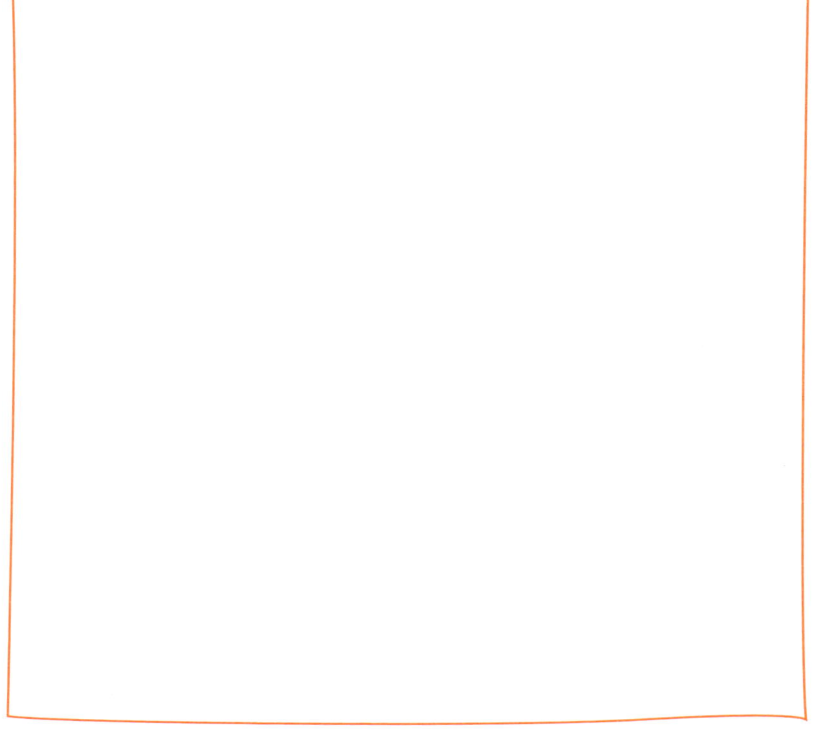

祝你玩得开心！不要担心是否要把它做得完美。如果你画错一个地方，你能把它变成图画的一部分吗？你的画很美，因为这是你画的！

I have brilliant ideas

我有绝妙的想法

你太棒了！

学习关于积极性和消极性的知识可能是困难和令人困惑的！为了"足够积极"，你可能会觉得自己需要改变一些东西，但事实并非如此。

发现大脑是如何工作的，这给了你理解自己的力量，让你能够积极地做自己。

我做得很棒！

活动：积极的不完美

没有所谓的完美，因为每个人都不一样。人与人之间的差异使世界变得更有趣。

这是一款从不完美中创造出精彩画面的游戏——看起来随机甚至是错误的东西会变成鼓舞人心的东西！你可以自己玩或和朋友一起玩。

拿一支彩笔，闭上眼睛，在下面的方格中大约涂鸦 2 秒。

现在，睁开眼睛，选择一支不同颜色的彩笔（如果你是和朋友一起玩，就交换图片）。

看看你的涂鸦——你能看到里面有什么形状吗？也许是一只动物、一栋建筑或一棵树……

用你的彩笔在涂鸦中添加细节（如眼睛、爪子或烟囱），使其成为一幅画。

我的头号消极收缩机

我们已经学会了很多减少消极情绪的方法。对你来说最好的方法是什么？也许你的快乐之地会让你感到平静，或者发挥创意是你释放忧虑情绪的最佳方式。在这里写下你的头号消极收缩机。

当我情绪低落时，我可以________________

当我感到愤怒时，我可以________________

当我感到担忧时，我可以________________

第四章　照顾好自己

你的身体感觉越好，就越容易感到积极。想想看，当你累了、饿了或渴了的时候，是否最容易感到消极。

在这一章中，我们将学习如何照顾好自己的身心。

为什么放松很重要?

你听说过神经系统吗?这听起来像是一台忧心忡忡的电脑,但实际上它是你身体的一部分。神经系统是一个由细胞和神经元组成的复杂网络,它将你身体的每一个部位都连接到你的大脑。

当你有强烈的感觉时,这意味着你的神经系统被激活并在努力工作。定期让它休息很重要,这样它就不会太累。当你放松的时候,你的神经系统也会放松。

活动：放松区

想象一下，有一个只有你知道的秘密巢穴，当你想放松的时候，就可以去那里。它是用什么做的？它会在哪里？你会怎么装饰它？

发挥你的想象力，设计你的放松小窝。

活动：饮水监测

你见过缺水的植物吗？它的叶片下垂，花瓣卷曲，茎变得苍白无力。人类也不例外：我们需要水来让自己感觉良好，就像植物一样。

给自己设定一个挑战，每天喝6杯水（约1200毫升）——这对你这个年龄段的孩子来说是最好的。

在这里记录你的饮水情况。

饮水监测

星期一

星期二

星期三

星期四

星期五

星期六

星期日

My body is precious

我的身体很珍贵

爱护并尊重你的身体

奇普的身体是毛茸茸的，奇普对此很满意！

你的身体属于你，应该得到恰当的照顾。你可以通过保持身体清洁、喝足够的水（翻到第 81 页追踪你喝了多少水）、在饥饿时吃东西以及在受伤时寻求帮助，来表达你对身体的爱。

你的身体在别人眼里是什么样子并不重要，重要的是你要尊重并善待它。

活动："是"和"不"

"不"是一个非常重要的词，就像"是"一样！当我们说"是"和"不"时，我们会让周围的人知道我们的感受和我们想要什么。

但有时，告诉别人我们的真实想法会让人感到害怕——也许你担心会伤害别人的感情，或者表现得不够积极。事实是，说出你的感受总是一个积极的选择。

奇普感到紧张。奇普不想拥抱，但奇普的朋友想拥抱。奇普不想伤害任何人的感情。你能想出不同的方法让奇普说"不"吗？

· 奇普的朋友没有意识到奇普并不想要拥抱。奇普有勇气这么说，真是太好了！如果拥抱者中有一个人并不乐意这么做，那么拥抱是没有用的！

健康饮食

均衡饮食，吃健康的食物，有助于保持身体健康和强壮。你的身体越健康、营养越充足，你就会感觉越积极。

你的身体每天需要什么样的食物来保持强壮和健康？

- 作为能量的淀粉类食物，如土豆、面包和面条
- 用于愈合和生长的蛋白质，如鸡蛋、鱼和豆类
- 用于储存能量的脂肪，如黄油和坚果
- 帮助消化系统工作的膳食纤维，如水果和蔬菜
- 适当地吃点其他东西也可以，如冰激凌或巧克力

活动：简单的香蕉煎饼

香蕉煎饼富含蛋白质、纤维和健康的糖类（俗称“碳水化合物”），因此非常适合作为早餐或零食！请一个大人帮忙，按照这个食谱做 4 个小煎饼。

你需要：

- 1 根熟香蕉
- 1 个鸡蛋
- 1 大汤匙全麦面粉
- 适量的烹饪用油

说明：

1. 把香蕉放在碗里捣碎，加入鸡蛋和面粉，搅拌均匀。
2. 请一个大人帮你在煎锅里加热一点油。当小气泡开始形成时，用勺子将一些煎饼混合物舀入锅中，形成 4 个煎饼。
3. 当你看到煎饼表面有气泡时，就小心地把它们翻过来；一旦两面都变成金黄色，就可以上桌了。

活动：动一动你的身体

科学家发现，运动不仅能让你的身体感觉良好，还能让你的大脑更健康！动一动你的身体会让你感觉更平静、更快乐、更积极。

这是因为运动会使大脑中负责情绪的部分——杏仁核——平静下来。与此同时，大脑释放出的化学物质会让你的全身感觉良好。

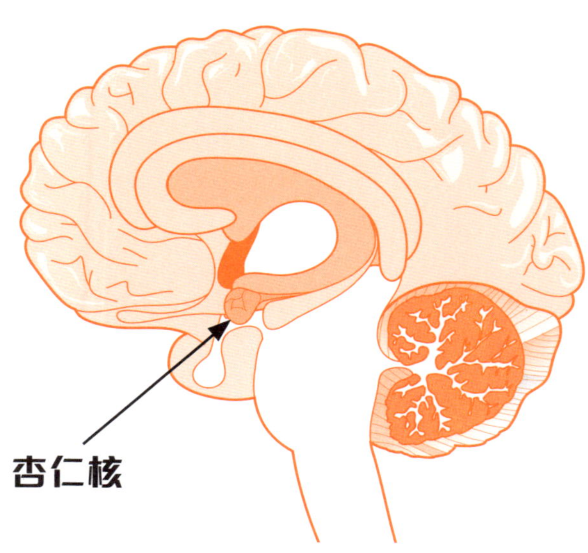

动一动你的身体会让你感觉很棒！早上起床后，第一件事就是做这些练习，开启新的一天。

像树一样向着天花板伸展

像风车一样挥动你的手臂

像鱼一样扭动身体

像敲鼓一样敲击你的腿

在家的积极性

我们所在的地方对我们的感受有很大影响。我们花了很多时间在家里，所以把它变成一个积极向上的地方是个好主意。

以下是一些简单的提示，可以在家里培养积极性。

- 整理：在整洁的房间里更容易感到平静和积极。你的大脑所接受的东西越少，它就感觉越平静。花点时间收拾一下，帮大人保持家里的整洁。

- 积极的话语：还记得第 36 页上的积极的肯定句吗？你可以在便签上写一两句，然后把它们贴在镜子上。这样，每次你看到自己的脸，也会有一个积极的想法！

- 丰富的色彩：人们发现，黄色、橙色、紫色和亮绿色等颜色会让人在看它们时感觉更积极。为什么不用积极的颜色来画一幅画贴在墙上呢？

- 美妙的就寝时间：我们都喜欢在就寝时间感受舒适，把你最喜欢的泰迪熊、一条柔软的毯子和一本好书放在床头，让你的床成为一个美好的地方。

积极寻宝

你能在家里为清单上的每一项内容找到一些东西吗？

- 你感激的事情
- 你收到的礼物
- 你自己做的东西
- 你真正珍惜的东西
- 闻起来很香的东西
- 让自己保持温暖的东西
- 让你有快乐记忆的东西
- 让你感到平静的东西

如果你寻找积极性，你会找到的！

I can take a deep breath

我可以深呼吸

积极在线

互联网是一项不可思议的发明：它让你获得了许多乐趣和学习机会。以积极的方式使用这个工具很重要，要注意网络安全。

记住在互联网上保持安全和积极的原则：

- 永远不要在互联网上发布你的个人信息或透露密码
- 永远不要和你不认识的人交朋友
- 永远不要和你在互联网上结识的人见面
- 在互联网上发布图片或文字之前，请慎重考虑
- 如果你看到一些让你感到不舒服、害怕或担心的东西，你应该向值得信赖的成年人寻求帮助
- 在互联网上要像在现实生活中一样友善

活动：每周计划

确保花些时间远离电子屏幕真的很重要。研究发现，限制看电子屏幕的时间并花大量时间在户外的孩子对自己感觉更积极，学习效果更好，担心更少。请你的父母或看护人帮助你计划每周看电子屏幕的时间、户外运动的时间和亲子时间。

	星期一	星期二	星期三	星期四	星期五	星期六	星期日
上午							
午餐时间							
下午							
傍晚							

第五章　每天发现积极性

你已经学到了很多关于积极性的东西！在这一章中，我们将找出你每天都能对自己感到积极的所有方法。

关于积极性的一切

让我们花点时间，回顾一下到目前为止所学到的关于积极性的知识。

积极性是什么	积极性不是什么
能够接受所有情绪	每时每刻都感到快乐
寻找小而美好的东西	忽视悲伤或困难的事情
尊重他人	总是说“是”
尊重自己	忽略自身的问题
从错误中学习	总是做得对

活动：积极的一天

对你来说，真正积极、感觉良好的一天会是什么样子的？想想你会做的所有事情和会看到的人。

在这里写下或画出你表现非常积极的一天。

关于积极的故事

我所有的朋友都很会唱歌，但我不喜欢我的声音。当他们一起唱歌时，我总是感到尴尬，我想如果我加入就会毁了这首歌。有一天，他们在唱我最喜欢的歌，我决定跟着唱。这很有趣，没有人认为我唱得不好，也没有人对我生气。我现在唱歌感觉舒服多了。

苏菲，9 岁

和我一起玩的那群孩子总是取笑我的卷发。当我生气的时候，他们说这只是一个玩笑，还嘲笑我生气。我和妈妈谈过这件事，她说我的感受很重要，即使这只是一个玩笑。所以我告诉他们这并不好笑，他们应该停止这样做。

本，8 岁

当我看到一个比我年龄小的孩子被欺负时，我想我什么都不应该做，因为我既不高大也不坚强。但当我看到这个孩子有多难过时，我意识到我可以有所作为——我告诉欺负他的人别来烦他，并确保他没事。

格蕾丝，11 岁

我总是因为不喜欢恐怖电影而感到有点儿尴尬。我设法保守了这个秘密，直到去年的一次夜宿。我的朋友想看一部恐怖片，我感到非常紧张，但我鼓起勇气说我不想看。一切都很好，我们看了一些我们都喜欢的有趣的节目。

拉菲夫，11 岁

过去我讨厌上学。每天醒来时，我的胸口都会有一种沉重的感觉。也没有什么特别让我讨厌的人或事，只是觉得一切都很无聊和困难。我和我的看护人谈过这件事，在她、我的哥哥和老师的帮助下，我慢慢地感觉好多了。学校并没有什么变化，但我现在对学校的看法和感受真的和以前不同了。

哈利，9 岁

我曾经有一群朋友，他们总是挑我外表上的问题，并指出来。他们让我觉得自己又丑又无聊，但我只有在和那些朋友在一起时才会有这种感觉。所以，我尽量减少和他们在一起的时间，这感觉很好。我现在有了更好的朋友。

伊森，10 岁

慢慢来

建立积极世界观的有效方法是明白一切都需要时间。所以，虽然你不是攀岩或烘焙的专家……但通过练习，任何事情都会变得很容易。

当你以这种方式思考时，这个世界会变得更加积极。即使出了问题，你也可以把它看作一个有用的教训；如果事情都按计划进行，你就永远不会学到这个教训。

技能、友谊、新习惯——甚至是积极性——所有的东西都是一点一点慢慢建造的，如果你能找到一种每天都添加一点的方法，很快就会做出一些精彩的东西。

I can make a difference

我可以有所作为

活动：随意的善举

你可以每天都以微小的方式变得更加友善和积极。以下是一些建议。

- 在石头上画上积极的信息，并将其公开，让其他人能找到——这可能会让他们过上好日子
- 拯救蜜蜂：如果你看到地上有一只疲惫的蜜蜂，把2茶匙糖和1茶匙水混合，制成糖浆。在蜜蜂附近滴一滴糖浆，蜜蜂会喝下它，并获得一些能量，帮助它飞回蜂巢
- 当你喜欢一顿饭的时候，告诉做饭的人它有多美味
- 种一棵树
- 把你的三明治碎屑喂鸟
- 为公交车司机、垃圾收集者或老师制作一张感谢卡
- 为家人制作一个有趣的视频
- 为邻居画宠物肖像
- 为别人开门

- 带上冷冻豌豆和燕麦去喂鸭子（这些是最健康的鸭子食物）
- 把你喜欢的书传给朋友看

你能再加上一些其他想法吗？

活动：成为一名专业的倾听者

倾听是你能做的最有效的事情之一，可以帮助他人变得更积极。当你认真倾听时，谈话的人会感到受到尊重，并知道他们的感受对你很重要。

你能回想起自己作为一个好的倾听者的时候吗？在这里写下来。

____

____

____

____

____

____

你能回想起别人认真听你倾诉的时候吗？在这里写下来。

____

____

____

____

____

____

为奇普身体的各个部位涂上不同的颜色。

I am a good friend

我是一个好朋友

积极地面对不同

我们都是独一无二的。有些人觉得更容易“融入”并与周围的人相匹配，而另一些人则觉得无论走到哪里，他们都很引人注目。

你的外表、行为、感兴趣的事情和思维方式是一种特殊的组合，共同造就了你。也许你的这些特质中有一个或多个是很不寻常的——这可能会让人觉得棘手，但你永远不应该因为自己与众不同而感到难过。

我们的差异使生活变得有趣。

有些人很难尊重那些与自己不同的人。他们担心差异是一件消极的事情，是一个问题。如果你碰巧遇到这样的人，他们的担忧不是你需要解决的问题。你本来的样子就很好。

我们都应该互相尊重，也应该尊重自己。所以，如果有人不尊重你，你可以离开他们。

让别人听到你的声音

你的想法对你来说是独一无二的。有时与他人谈论这些想法可能会让你感到害怕，但分享想法会促成惊人的成就。

每一项发明、每一本书、每一个电视节目和每一件艺术品的存在，都是因为有人有一个绝妙的想法，并且有足够的勇气去分享它。

当你对自己感觉积极时，你就能找到勇气去分享你的想法。

活动：如何有所作为

你是否觉得自己太渺小，无法做出积极的改变？这不是真的！有很多方法可以传播积极性，让世界变得更美好。

- 收集塑料，保护环境
- 卖掉旧玩具，为慈善事业筹集资金
- 制作混合肥料
- 建造一个昆虫旅馆
- 为慈善事业收集衣服
- 为你的老师烤蛋糕

清单上有什么你想试试的吗？在这里制订计划——谁能帮助你？你需要什么？

活动：大声唱出来

唱歌是一种很好的方式，可以提高你自己和周围人的积极性。听到有人唱一首快乐的歌会让人感到更快乐！

选择一首让你感觉很棒的歌曲，并在这里写下歌词。

- 你知道唱歌真的有助于情绪平静吗？当你唱歌时，声带会振动，它们非常靠近脑干，而脑干与杏仁核相连——我们在第 87 页已了解这一点——声带的振动会让大脑的这些部分以及你的情绪平静下来。

活动：我的朋友

谁是你最亲密的朋友？可能有很多，也可能只有一两个——这都没关系。我们不可能适合每一个人，所以当谈到友谊时，拥有少量的好朋友是很好的。

在这里画一些你的朋友——是什么让你们成为好朋友的？你能分别用三个词来描述每一个朋友吗？

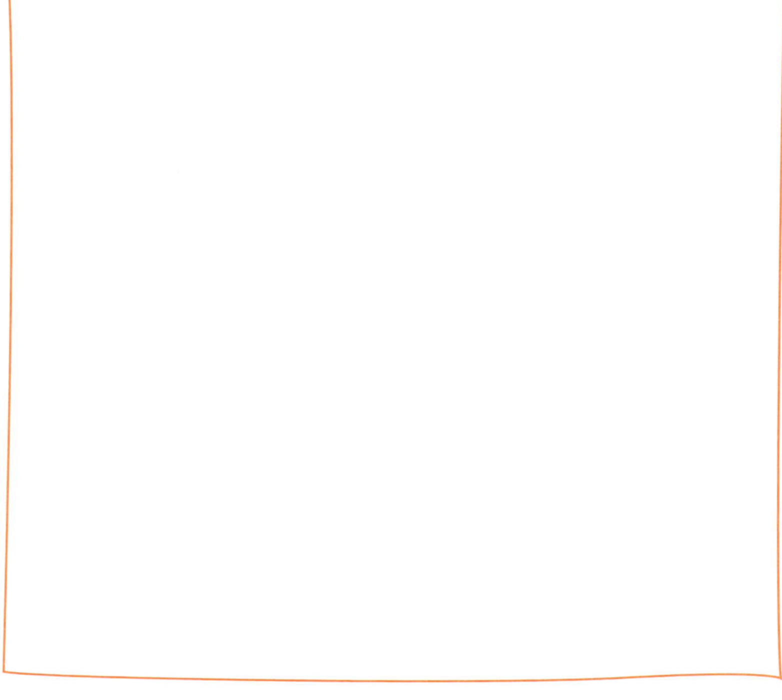

与我们共度时光的人对我们的自我感觉有很大的影响！

I can stand up for myself

我可以为自己挺身而出

好朋友清单

你知道什么是好朋友吗？看看这份清单，你就可以区分好朋友和坏朋友了。

好朋友	坏朋友
会对你说善意的话	会对你说刻薄的话
会关心你的感受	不在乎他们是否让你难过
永远不会伤害你	会伤害你
会与你交谈并倾听你的意见	会忽视你
会与你一起玩游戏	会把你排除在外
会为你挺身而出	会取笑你
当积极的事情发生时，会为你感到高兴	当你高兴的时候会嫉妒你
如果他们做错了什么，会说“对不起”	一切都怪你
如果你惹恼了他们，会和你谈谈	会在不说明原因的情况下不再和你说话

活动：你好吗？

花点时间想想你的感受。你现在觉得有什么棘手的地方？是什么让你感到消极、担忧或害怕？在这里写下来或画出来。

在这一页，写下或画出你现在生活中积极的事情。

活动：将消极转化为积极

奇普本来很期待朋友这个周末来拜访，但这位朋友刚刚告诉他来不了了。奇普感到沮丧：周末泡汤了！在伤心失望一会儿后，奇普想起了自己独自做的所有有趣的事情，如涂色和阅读冒险书。现在，周末看起来也没那么糟糕了。

你是如何解决问题的？当问题出现时，你可能会感到非常困难。但是，如果你遵循以下步骤，你就能够将消极转变为积极。

- 首先，问自己三个问题：
  我有什么感觉？
  问题出在哪里？
  我需要帮助吗？
- 接下来，思考解决方案——如果你想出很多方案或只想到一个方案，都没关系！
- 选择一个方案。

你能想到一个曾经需要自己解决的问题吗?

你感觉怎么样?

你寻求帮助了吗? 是谁帮助了你?

你是如何解决这个问题的?

如果你有一台时间机器，你会回到过去用不同的方式解决这个问题吗?

第六章 为自己喝彩

你即将抵达本书的结尾！在本章中，我们将回顾你所学到的所有东西，并思考在日常生活中如何使用它们。

活动：制订行动计划

现在你已经掌握了大量关于积极的知识，是时候付诸行动了。想想这本书中的所有活动和想法——或者想出一些你自己的办法！

当我情绪低落，想要感觉好一点的时候，我可以____

____

____

____

为了每天都能找到积极的一面，我会____________

____

____

____

为了传播积极性，我可以____________________

____

____

____

为了善待自己，我会________________________

____

____

____

活动：发表积极声明

在家里的墙上、镜子上或冰箱上写一个吸引眼球的积极声明！

你需要：

- 彩色卡片
- 画笔
- 铅笔
- 可生物降解的闪光粉
- 胶水
- 旧报纸

说明：

1. 选择一句积极的话，它能让你感到平静、快乐和坚强。
2. 把它写在一张彩色卡片上，字要大而工整。
3. 用画笔小心地在字上涂上胶水。
4. 在胶水上撒上闪光粉，让它干燥大约 30 秒。
5. 在桌上铺一些旧报纸，用手指轻弹卡片，让多余的闪光粉滑落（然后你可以把落在报纸上的闪光粉放回容器中）。
6. 在一夜之间，让你的积极声明完全干燥。

- 翻阅这本书，找到可以使用的积极的肯定句。

《积极向上的我》黄金法则

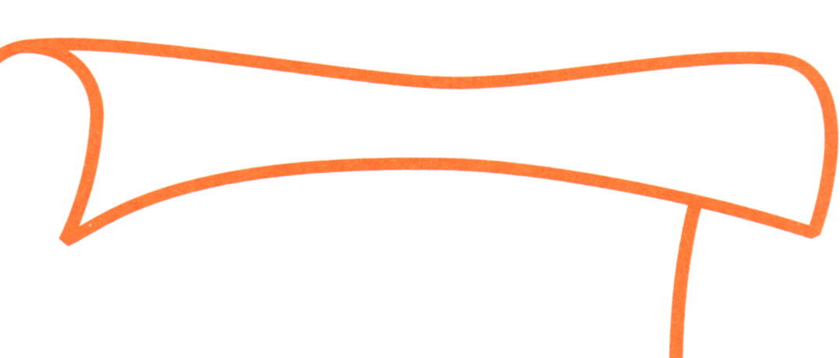

- ★ 所有感觉都正常
- ★ 你可以犯错误
- ★ 善待自己
- ★ 尊重自己和他人
- ★ 传播积极性
- ★ 谈论你的感受

活动：帮助怪物奇普

你能用在这本书中学到的东西来帮助奇普吗？

奇普情绪低落。一切似乎都很困难、无聊和消极，感觉奇普哪里都不对劲！

寻找一些小事来感恩，这有助于建立积极的心态。

你能在图片中找出5件让奇普感激的物品吗？把它们圈起来。

你还有其他的发现吗？

结　语

你已经读到书的最后了。奇普学到了很多关于积极性的知识，你呢？

积极性就像跷跷板。没有什么是完全积极的或完全消极的——如果你不喜欢西兰花的味道，它对你来说可能是消极的，但对你的身体来说，它是健康的积极因素。关键是要找到一个平衡点：增加积极的一面，同时也要善待消极的一面。

你可以随时翻看这本书，以增强你的积极性或帮助朋友更好地理解它。这并不容易，你应该为自己感到骄傲。做得好，积极向上的你！

I am positively me!

我是积极向上的我！

写给父母和看护人：如何帮助孩子提高积极性

健康的积极性比摆出勇敢的面孔和只表现出积极的情绪更复杂。这意味着接受所有的感受，并以适当的方式表达它们——这可能意味着当朋友让我们难过时告诉他们，当我们经历艰难时期时寻找积极的一面，或者当我们生气时花时间深呼吸。孩子也是如此：班上最积极的孩子很可能是那个能自如地表达各种情绪的孩子。

鼓励孩子以健康的方式来表达自己的情绪，这是你能帮助孩子建立积极的世界观的最好方法。你可能会对抱怨或挫折不屑一顾，要求你的孩子看到发生在他们身上的一切积极面，但这可能会导致他们更加执着于自己的负面观点；从长远来看，他们可能会不再与你谈论这些。

当孩子觉得能够表达他们的消极想法和感受时，他们就有机会释放被压抑的沮丧情绪——就像你辛苦工作一周后的发泄一样。坦率地倾听并接受孩子的感受——即使你不同意他们的意见，你仍然可以对他们表示认同。当你这样做的时候，孩子会感到被理解，并且能够摆脱最初的沮丧情绪，更客观地看待事情，甚至开始看到积极的一面。

做一个冷静、有同理心的倾听者吧，你将帮助孩子在情感上获得安全感和韧性。他们将成为灵活的思考者，尊重不同的观点并改变自己的想法。

我希望这本书对你和孩子都有用。如何应对消极情绪本身就很难，你做得很好，对孩子的所有感受都持开放态度，帮助他们变得更积极。

推荐阅读书目

儿童阅读书目：

Be Amazing! An Inspiring Guide to Being Your Own Champion by Chris Hoy

Walker Books, 2020

Happy, Healthy Minds: A Children's Guide to Emotional Wellbeing by The School of Life

The School of Life Press, 2020

The Feelings Book: The Care and Keeping of Your Emotions by Lynda Madison

American Girl Publishing, 2013

家长阅读书目：

The Gifts of Imperfection by Brené Brown

Hazelden Publishing, 2010

The Book You Wish Your Parents Had Read (and Your Children Will Be Glad That You Did) by Philippa Perry

Penguin, 2019